AF586942

ÉTUDES

SUR LA

CRISTALLISATION DU SUCRE

ET LA

FABRICATION DU SUCRE CANDI

Par M. G. FLOURENS,

Ingénieur Chimiste.

MÉMOIRE COURONNÉ PAR LA SOCIÉTÉ D'ENCOURAGEMENT POUR L'INDUSTRIE NATIONALE
ET PAR LA SOCIÉTÉ INDUSTRIELLE DU NORD DE LA FRANCE.

Extrait du Bulletin de la Société Industrielle du Nord de la France.

LILLE

IMPRIMERIE L. DANEL.

1877.

ÉTUDES

SUR LA

CRISTALLISATION DU SUCRE

ET LA FABRICATION DU SUCRE CANDI[1]

Par M. G. FLOURENS,

Ingénieur Chimiste.

La fabrication du sucre candi constitue une branche du raffinage du sucre, qui offre une grande importance en France (à Nantes et dans le Nord) et en Belgique. Cette industrie a été très-peu étudiée jusqu'à présent; les seules données scientifiques de Dutrone, que l'on possédait pour la diriger d'une façon rationnelle, sont inexactes et tout-à-fait insuffisantes; elles induiraient en erreur les praticiens qui voudraient les appliquer; aussi, on suit encore, dans la pratique industrielle, des méthodes défectueuses, qui ne permettent pas d'obtenir, des sucres mis en œuvre, tout le rendement qu'on pourrait en avoir, et qui déterminent même la perte d'une partie notable du sucre cristallisable, qui se trouve transformé en sucre incristallisable.

Nous avons fait l'étude de cette intéressante industrie, et nous ferons connaître, dans ce mémoire, les résultats théoriques que nous avons obtenus, ainsi que les conséquences pratiques que nous en avons tirées.

DESCRIPTION DES MÉTHODES SUIVIES DANS LA PRATIQUE INDUSTRIELLE.

Nous exposerons d'abord, d'une manière succincte, les différentes méthodes suivies dans la pratique.

(1) Extrait du Bulletin de la Société Industrielle du Nord de la France (N° 17, 4e trimestre de 1876).

Le sucre brut, destiné à cette fabrication, est traité comme dans le raffinage ordinaire pour la production du sucre en pains, jusqu'à la cuite, c'est-à-dire qu'il est d'abord fondu seul ou avec addition d'eaux de dégraissage provenant d'opérations précédentes, ou de sirops (eaux mères) issus de cristallisations antérieures.

Le produit obtenu est clarifié à air libre ou dans le vide au moyen du sang et du noir fin employés dans des proportions très-variables, selon la nature du sucre. Le sirop clarifié, et les écumes qui ont été amenées à sa surface par le chauffage, sont envoyés dans des filtres à poches ou des filtres Taylor, qui séparent ces dernières, et donnent une liqueur appelée clairce, que l'on soumet à une filtration sur du noir en grains. On emploie ordinairement des filtres à pression, c'est-à-dire fermés à la partie supérieure par un couvercle, la clairce étant amenée par un tuyau, d'un bac placé plus haut. Le sirop filtré peut être cuit soit dans le vide, soit à la bassine à air libre; dans le premier cas, il est nécessaire de le réchauffer à une température voisine de l'ébullition avant l'empli, ce qui peut se faire dans l'appareil à cuire même, ou dans une bassine; c'est après ce réchauffage que l'on prend la preuve; on emploie ordinairement pour cela un aréomètre de Baumé, dont les degrés sont divisés en dixièmes. Le thermomètre centigrade, divisé aussi en dixièmes de degrés, ne donne pas, dans toutes les circonstances, des renseignements aussi exacts, et la preuve au soufflé, prise par les personnes les mieux exercées, donne des cuites de différentes concentrations, ce dont on peut se rendre compte avec le pèse-sirops.

La température de la masse cuite à l'ébullition est ordinairement 110 à 112° C.; son degré aréométrique varie entre 38 et 40 à 41° Baumé; on pousse la cuite d'autant plus fort que le sirop est plus impur; la pâte pèse 142 à 145 kil. l'hectolitre à 15° C. La cristallisation s'opère dans des pots ou cristallisoirs en cuivre, en forme de troncs de cônes renversés, dans lesquels on a tendu des fils; c'est sur ceux-ci que se déposent les cristaux, ou ce qu'on appelle la *maille ;* pour cela les parois sont percées de petits trous convenablement distancés, par lesquels on passe le fil au moyen d'une aiguille ; ces trous sont ensuite bouchés en collant à l'extérieur des pots, des feuilles de papier, ou en enduisant leur surface d'une pâte argileuse qu'on laisse sécher. Les dimensions des cristallisoirs varient avec les localités : à Nantes, on emploie de petits pots munis d'anses pour les transporter facilement ; ils contiennent 19 à 20 kil. de masse cuite ; dans le Nord de la France, les pots peuvent souvent contenir 38 kil. de pâte ; en Belgique, on emploie quelquefois des pots plus grands qui renferment 42 à 45 kil. de sirop cuit.

Ces cristallisoirs, emplis de masse cuite, sont disposés côte à côte sur des madriers superposés, dans des chambres carrées appelées étuves. La capacité des étuves varie beaucoup, d'abord d'après les dimensions des pots et leur nombre, qui est souvent de 100 à 300 ; on laisse ordinairement peu d'espace vide en haut et en bas pour la facilité du travail des ouvriers ; une ou deux ouvertures munies de doubles portes, que l'on peut calfeutrer, servent à l'empli et à la sortie des pots. Souvent, un appareil de chauffage à vapeur se trouve à la partie inférieure, ou bien on a un calorifère à air chaud sur le côté, pour chauffer l'étuve au début. M. Ed. Lemaire a imaginé d'employer des réchauds remplis de charbon de bois en combustion, dont on utilisait la chaleur ; le gaz carbonique, ou plutôt l'oxyde de carbone qui se produit, ayant, d'après lui une action favorable sur la cristallisation ; son procédé a fait beaucoup de bruit dans les journaux sucriers, il y a quelques années. Nous verrons bientôt l'influence du chauffage des étuves sur la cristallisation, et quant à celle des gaz provenant de la combustion du charbon, elle est nulle, car les pots se recouvrent, au commencement de l'étuvage, d'une croûte de sucre qui empêche toute action des agents extérieurs.

Après huit ou neuf jours d'étuvage pour le candi blanc maillé, et douze à quatorze pour les candis communs, on doit pouvoir procéder à la sortie ; les pots sont enlevés et portés au réservoir destiné à recevoir le sirop, la croûte qui s'est formée à la surface est recueillie dans un petit bac dont le fond est constitué par une toile perforée qui ne laisse passer que le sirop. Dans le candi blanc, cette croûte est formée de cristaux plats disposés verticalement et que l'on appelle platines ou maillettes ; dans les candis communs, les cristaux étant trop petits, sont ordinairement refondus. Les pots sont ensuite renversés sur un égouttoir pendant quelques minutes, et leur contenu est lavé à l'eau tiède ; après un second égouttage, ils sont portés au séchoir, où on les place encore renversés, sur des latteaux. Les fils et les parois sont garnis de sucre ; le candi des parois forme la croûte, celui des fils, la maille.

On dit qu'un candi est *maillé*, si les cristaux sont volumineux et bien formés ; s'ils sont moins saillants et moins volumineux, le candi est appelé *raide ;* s'ils présentent des facettes en escaliers, on dit qu'il est *tremblé* ou *frisé*, ce qui est le signe d'une altération de la claírce ; s'ils sont petits et agglomérés, le candi est *massé*. On obtient de gros cristaux appelés *mailles factices* en attachant aux fils des cristaux bien réguliers, dont le volume augmente beaucoup à l'étuvage. Lorsque le sucre a été séché, on loche les pots en les renversant brusquement sur un bloc, ou en les plongeant extérieurement dans de l'eau chaude, la dilatation du métal détermine la séparation du pain de candi ; celui-ci est alors classé en différentes qualités sous le rapport de la nuance et de la maille, le candi maillé se payant notablement plus cher que le raide.

A Nantes, où l'on fait principalement du candi blanc pour la fabrication du vin de Champagne, on emploie de beaux sucres de cannes cristallisés, que l'on fond sans addition de sirops, en suivant la marche que nous avons indiquée ; on obtient ainsi de beaux produits, et comme on n'attache pas, comme dans le Nord, une grande importance à la maille, le candi raide convenant parfaitement pour le Champagne, on a des rendements plus grands en cuisant le sirop plus fort.

Le sirop issu de cette première cristallisation, est cuit en grains et donne au turbinage un beau sucre blanc de premier jet, qui peut entrer dans le chargement de la chaudière à candi; le sirop de turbinage est repris et cuit au filet en deuxième, troisième, quatrième et quelquefois même en cinquième, jusqu'à ce qu'il se trouve épuisé; le dernier sirop constitue la mélasse, qui est vendue à la consommation, de même que les sucres de bas produits, qui sont les vergeoises.

Dans le Nord de la France, on produit des candis de différentes nuances, depuis le blanc jusqu'au roux presque noir.

Pour faire le candi blanc, on opère comme à Nantes, en fondant des pains qui procurent le candi blanc d'alun, ou l'on emploie de beaux sucres blancs de betteraves. Le sirop de la première cristallisation est souvent ajouté à des sucres d'une nuance correspondante dans une proportion qui varie beaucoup selon les besoins du fabricant et le produit qu'il veut obtenir; il est quelquefois recuit seul en candi, avec ou sans clarification et filtration sur le noir; on obtient, de cette façon, des candis clairs ou jaunes, dont l'eau mère ou sirop est encore ajoutée à la chaudière à candi avec du sucre brut, et procure un troisième candi plus foncé en nuance; on peut produire ainsi un nombre plus ou moins grand de cristallisations, selon la qualité et la proportion du sucre brut employé, jusqu'à ce que le sirop soit devenu trop commun pour fournir du candi. Le dernier sirop est cuit en grains ou au filet jusqu'à ce qu'il soit épuisé; il donne des sucres de différents jets qui sont vendus comme vergeoises ou ajoutés à la chaudière, et une mélasse comestible après clarification.

A Anvers, on opère, dans un grand nombre de petits établissements, d'une façon tout-à-fait primitive; on emploie encore le chauffage à feu nu. Le sucre brut est fondu, et le sirop clarifié est passé au filtre Taylor, puis cuit; la pâte à candi est emplie dans des pots que l'on dispose dans des étuves bien chauffées par des calorifères à air chaud, car on tient à obtenir de la maille et on préfère avoir moins de rendement en premier jet, pour se procurer plus de candi roux en deuxième jet; nous verrons que, dans ces conditions, on produit beaucoup de sucre incristallisable.

Le sirop de la première cristallisation est recuit seul, sans addition de sucre brut, quelquefois même sans clarification; il fournit un candi jaune ou roux, de deuxième jet. On fait quelquefois un troisième candi très-commun avec le second sirop employé seul. Après deux ou trois cristallisations, on a un sirop qui est encore cuit au filet en premier, deuxième, troisième jet, et qui fournit des vergeoises ainsi qu'une mélasse très-sucrée et très-riche en sucre incristallisable, qui est consommée dans la localité et les environs.

LES TRAVAUX DE DUTRONE ET NOS RÉSULTATS.

Dutrone a construit, il y a longtemps, une table donnant les rendements en candi d'une masse cuite composée de sucre pur et d'eau, dont le point de cuite était déterminé par le thermomètre. Il avait trouvé que le sirop de sucre pur, saturé à la température de 27°5 centigrades, contient pour 100 parties de sucre, 60 parties d'eau; son titre est donc $\frac{100}{160} = 62{,}50$ de sucre, $\frac{60}{160} = 37{,}50$ d'eau; la température d'ébullition de cette liqueur étant 83°R ou 103°75 C.

En soumettant ce sirop à l'évaporation à l'air libre, il constatait les variations de la température d'ébullition qui s'élevait à mesure que la liqueur se concentrait, et il déterminait les poids d'eau évaporée à chaque degré du thermomètre; il déduisait facilement, au moyen du calcul, la proportion de sucre qui devait cristalliser, par le refroidissement, à la température de 27°50 C. Cette table est encore reproduite par les principaux ouvrages sur l'industrie sucrière.

Les résultats de Dutrone sont erronés, parce que les nombres qui servent de base à ses déterminations ne sont pas exacts; nous trouvons qu'à 27°50 C le sirop saturé de sucre pur contient : sucre

67,70, eau 32,30; il marque 35°90 à l'aréomètre de Baumé à cette température; sa densité à 15° C, est 133,75. Le thermomètre n'est pas un instrument suffisamment précis pour prendre la preuve, car les variations de la pression atmosphérique peuvent modifier la température d'ébullition des sirops de 0°50 C. en plus ou moins, ce qui produit une différence très-grande sur le degré de concentration correspondant, qui peut varier de 1° Baumé entre les limites extrêmes; l'aréomètre est préférable, il n'est pas sensiblement influencé par cette cause d'erreur.

La table de Dutrone ne donne des indications que pour les sirops refroidis à une seule température. Nous nous sommes proposé de faire les différentes déterminations qui nous manquaient dans la pratique pour pouvoir apprécier les rendements des sirops refroidis à une température quelconque, et nous avons recherché :

1° La richesse en sucre des dissolutions saturées aux températures comprises entre 0 et 100°, ce qui nous a permis de construire la courbe de solubilité du sucre. (Table N° 1, planche 1re, fig. 1re);

2° Les degrés au densimètre de Gay-Lussac et à l'aéromètre de Baumé des sirops saturés, aux températures observées;

3° La densité et le degré aérométrique des mêmes sirops amenés à la température de 15°. (Table N° 1, pl. 1re, fig. 1 et 2);

4° Les températures d'ébullition à la pression de 760m/m des dissolutions sucrées à différents degrés de concentration. (Table N° 2, planche 2).

Nous avons vérifié un grand nombre de fois nos résultats, et nous n'avons rien eu à y changer; M. Péligot nous a fait l'honneur de les présenter à l'Académie des Sciences, dans la séance du 10 juillet dernier, et ils ont paru dans le compte-rendu.

Nous avons dû, pour nos déterminations, contrôler tous les instruments employés; les aéromètres en différents points de leur échelle, en les plongeant dans des liqueurs dont la densité avait été parfaitement déterminée par la méthode du flacon. Les densimètres indiquaient la densité à 15° C par rapport à l'eau prise à la même température, et les aréomètres de Baumé, dont les degrés étaient divisés en dixièmes, correspondaient à la table des densités employée par Gay-Lussac et publiée par M. Collardeau ; la densité était donnée par la formule :

$$D = \frac{144{,}3}{144{,}3 - n}.$$

n degré Baumé observé.

144,3 nombre appelé module de l'instrument.

Les aréomètres, ainsi que les thermomètres, étaient en verre.

On s'est servi pour les déterminations 1°, 2°, 3°, de flacons à large ouverture, bouchés à l'émerie, et remplis de morceaux de candi blanc bien pur, de la grosseur d'une noisette. Le sirop était introduit dans ces flacons, qui étaient exposés, avec les instruments employés, à différentes températures, que l'on maintenait constantes pendant sept ou huit heures au moins pour les températures élevées, et durant un ou deux jours pour celles auxquelles on n'avait pas à craindre la formation du sucre incristallisable.

Ces flacons étaient souvent plongés dans des bains-marie disposés dans des espaces dont on pouvait parfaitement régler la température ; de cette façon, celle-ci pouvait être maintenue longtemps au même degré : on les agitait fréquemment et on observait la température du sirop, ainsi que son degré à l'aréomètre, en prenant toutes les précautions nécessaires ; on se servait d'éprouvettes maintenues à la température observée pour éviter toute variation.

Quand le degré aréométrique était devenu constant, on faisait l'observation saccharimétrique du sirop parfaitement clair, et l'on constatait très-bien, en faisant varier la température des flacons de 1 ou 2° au-dessus et au-dessous du degré observé, la différence sur l'aréomètre ; la saturation et la désaturation se faisaient assez rapidement à cause de la grande surface des cristaux de candi et du petit volume de sirop. On exécutait aussi l'observation aréométrique sur ce dernier ramené à 15° degrés centig.

Les résultats obtenus dans ces différents essais sont représentés par la table suivante et les courbes, planche 1re, figures 1 et 2.

TABLE N° 1.

TEMPÉRATURE. — Degrés centigrades.	SUCRE pour 100.	DEGRÉ A L'ARÉOMÈTRE DE BAUMÉ		DEGRÉ AU DENSIMÈTRE GAY-LUSSAC	
		à la température observée.	à 15° C.	à la température observée.	à 15° C.
0°	64.70	35.30	34.60	132.25	131.50
5	65.00	35.35	34.90	132.43	131.90
10	65.50	35.45	35.20	132.55	132.25
15	66.00	35.50	35.50	132.60	132.60
20	66.50	35.60	35.75	132.75	132.90
25	67.20	35.80	36.25	133.00	133.55
30	68.00	36.00	36.70	133.25	134.05
35	68.80	36.20	37.10	133.50	134.60
40	69.75	36.40	37.50	133.75	135.10
45	70.80	36.75	38.10	134.10	135.90
50	71.80	37.10	38.70	134.60	136.60
55	72.80	37.50	39.30	135.10	137.40
60	74.00	37.90	39.90	135.60	138.20
65	75.00	38.30	40.55	136.15	139.10
70	76.10	38.60	41.10	136.50	139.80
75	77.20	39.00	41.70	137.00	140.60
80	78.35	39.30	42.20	137.40	141.30
85	79.50	39.65	42.80	137.90	142.20
90	80.60	39.95	43.30	138.20	142.90
95	81.60	40.10	43.70	138.50	143.40
100	82.50	40.30	44.10	138.75	144.00

On voit, à l'inspection des courbes de la planche 1re, que la solubilité du sucre présente une certaine particularité : vers les bas degrés de l'échelle thermométrique, la richesse en sucre des dissolutions saturées augmente très-lentement à mesure que la température s'élève, puis, qu'elle croît régulièrement. On verra bientôt que, dans la fabrication du sucre candi, on n'a pas intérêt à abaisser la température des sirops mis en cristallisation au-dessous de 20 ou 25° pour les candis blancs, et 30° pour les candis roux; car, dans les cristallisoirs, les sirops restent toujours légèrement sursaturés, et le dépôt des dernières portions de sucre ne se fait qu'avec lenteur.

Les courbes donnant les degrés au densimètre et à l'aréomètre de Baumé, offrent aussi la même particularité.

Une détermination qui a encore beaucoup d'importance, c'est celle des points d'ébullition des dissolutions de sucre pur, à différents degrés de concentration. (Table N° 2, planche 2e.) La connaissance de ces températures et des degrés aréométriques correspondants permettra de calculer la richesse en sucre d'un sirop et de se rendre compte, en consultant les tables, de sa température de saturation : ainsi un sirop bouillant à 111° C à la pression de 760 m/m, marque 39° à l'aréomètre de Baumé, ou 43°30 à la température de 15° C, ce qui correspond à un titre saccharimétrique de 80,60 et à une température de saturation de 90° C. (Voir les deux tables.)

Nous avons constaté, dans nos essais sur les dissolutions concentrées de sucre, que dans les limites de 34 à 44 Baumé à 15° C, pour une différence de température de 1° C, on a une différence correspondante de 0°045 Baumé; ce nombre nous a paru à peu près constant, ce qui indique que le coefficient de dilatation des sirops ne varie pas sensiblement; il permettra de calculer le degré aréométrique des sirops concentrés, à une température quelconque, connaissant ce degré à une température donnée. On remarque que, d'après les courbes (pl. 2e), vers les bas degrés de l'échelle aréométrique, la température d'ébullition des sirops augmente très-lentement à mesure que le degré de concentration s'élève, et que son accroissement devient assez régulier vers 37° B = 108° C, puis, qu'il augmente de plus en plus rapidement. C'est principalement entre

108 et 120°, que ces résultats peuvent avoir de l'intérêt dans l'industrie, pour la cuite ; les températures plus élevées ne servent qu'aux opérations du confiseur.

M. Payen a donné les températures d'ébullition correspondantes aux cuites spéciales, depuis le filet léger jusqu'au grand cassé. Ses résultats ne sont pas d'accord avec les nôtres, comme l'indique la dernière colonne de la table suivante ; nous avons pu en reconnaître l'inexactitude par des observations faites directement sur des masses cuites de candis blancs.

Table n° 2.

TEMPÉRATURE d'ébullition. — Degrés centigrades.	DEGRÉS A L'ARÉOMÈTRE DE BAUMÉ à la température observée.	DEGRÉS A L'ARÉOMÈTRE DE BAUMÉ à 15 degrés centigrades.	DEGRÉS AU DENSIMÈTRE DE GAY-LUSSAC à la température observée.	DEGRÉS AU DENSIMÈTRE DE GAY-LUSSAC à 15 degrés centigrades.	RICHESSE en SUCRE.
104°5	32°20	36°25	128.72	133.50	67.25
105.0	33.20	37.25	129.90	134.80	69.10
105.5	34.20	38.30	131.06	136.13	71.20
106.0	35.00	39.10	132.00	137.20	72.40
106.5	35.50	39.65	132.60	137.80	73.40
107.0	36.00	40.15	133.25	138.55	74.40
107.5	36.50	40.70	133.85	139.25	75.25
108.0	37.00	41.40	134.50	139.85	76.10
108.5	37.50	41.75	135.10	140.80	77. »
109.0	37.90	42.10	135.62	141.20	77.85
109.5	38.25	42.50	136.07	141.80	78.70
110.0	38.50	42.80	136.40	142.15	79.50
110.5	38.75	43.00	136.70	142.45	80.05
111.0	39.00	43.30	137.00	142.90	80.60
111.5	39.30	43.65	137.40	143.35	81.40
112.0	39.60	44.00	137.70	143.80	82.25
112.5	39.80	44.20	138.10	144.15	82.90
113.0	40.00	44.40	138.35	145.00	83.60
114.0	40.30	»	138.75	-	84.25
115.0	40.60	»	139.15	»	85. »
116.0	40.90	»	139.55	»	85.80
117.0	41.20	»	140.00	»	86.50
118.0	41.45	»	140.30	»	87.20
119.0	41.65	»	140.60	»	87.90
120.0	41.90	»	140.85	»	88.50
125.0	42.80	»	142.15	»	91.20
130.0	43.50	»	143.15	»	92.25

Au-dessus de 43°50 B., on ne peut plus faire l'observation aréométrique à froid à cause de la viscosité des sirops, mais on peut déterminer, d'une façon approchée, les nombres par le calcul.

En déterminant par l'interpolation, les équations algébriques des différentes courbes représentant nos résultats, on arrive à des expressions trop compliquées pour être employées dans la pratique, les moyens graphiques offrent plus de commodité et donnent autant d'exactitude.

On remarque, lorsque l'on pousse très-loin la concentration des sirops, quand la masse bouillante marque 130 à 140° c. que l'on obtient du sucre d'orge par le refroidissement, parce que le milieu est trop épais pour que les cristaux puissent se former ; mais si l'on soumet la masse à l'agitation en la délayant avec une spatule, elle devient de plus en plus épaisse en se refroidissant, puis elle cristallise progressivement, jusqu'à ce qu'elle se réduise en poudre, et l'on constate qu'à ce moment il se produit un dégagement assez abondant de vapeur, que l'on peut supposer être dû à la mise en liberté de la chaleur latente qui constitue le sucre à l'état de sucre d'orge, comme le prétend M. Dumas.

APPLICATIONS A LA PRATIQUE.

Appliquons maintenant à la pratique les données théoriques qui précèdent et observons le cas de la cristallisation lente du sucre, dans la fabrication du sucre candi.

On peut se rendre compte de la formation graduelle du candi dans les cristallisoirs, en constatant la température du sirop aux différentes périodes de l'étuvage, et en prélevant des échantillons avec une pipette, après avoir percé la croûte qui se forme à la surface des pots ; ces échantillons sont analysés, ainsi que la masse cuite avant son introduction dans l'étuve, et, d'après la différence de composition, il est facile de calculer le rendement en candi de cette masse cuite et la proportion de sucre incristallisable produit par l'action de la chaleur pendant l'étuvage.

Si nous représentons par :

P la richesse de la masse cuite en sucre, en centièmes.
i' la proportion d'incristallisable de cette masse cuite.
S la richesse en sucre cristallisable du sirop observé.
I id. incristallisable id.
R le rendement de la masse cuite en candi pour 100 kil.
i l'incristallisable formé en fonction de la masse cuite.
i_c id. id. du candi obtenu.

Nous aurions, s'il ne se produisait pas de sucre incristallisable :

$$R = \frac{P - S}{100 - S}$$

et en tenant compte de la formation de ce dernier dans les étuves :

$$R = \frac{(P + i') - (S + I)}{100 - (S + I)}$$

nous aurons aussi :

$$i = I\left(\frac{100 - R}{100}\right) - i' \quad \text{et} \quad i_c = \frac{i \times 100}{R}$$

Nous examinerons successivement le travail des différents candis depuis le blanc jusqu'au candi commun. Nous dirons d'abord que nos essais ont été faits sur des étuves non chauffées, abandonnées au refroidissement naturel, que l'on conduisait convenablement selon les cas, en réglant, vers la fin de l'étuvage, l'entrée de l'air extérieur pour abaisser suffisamment la température, et obtenir le meilleur rendement possible. Nous considérerons ensuite le cas des étuves chauffées et nous prouverons que le chauffage doit être proscrit.

CANDI BLANC.

Voyons, en premier lieu, le travail d'une masse cuite pure obtenue avec des pains ou de beaux sucres blancs.

La composition de la pâte est la suivante :

Sucre cristallisable	80 . 00
» incristallisable.	traces.
Cendres	d°.
Eau	20 . 00

Le point de cuite serait 38°75 = 43° B. à 15° C., ou le poids 142k 45 l'hectolitre, mais on n'a cuit qu'à 38°25, cette différence tient à ce que la concentration s'est continuée après qu'on a eu fermé les robinets de vapeur, aussitôt après la preuve. La température d'ébullition serait de 110°50 et celle de saturation 87°5 (voir les tables 1 et 2). Pour avoir du candi fort maillé, on cuit à 38° qui correspondent à une température de saturation de 82°5 et à une richesse de 79 °/₀ de sucre.

On remarque dans la pratique que le sirop des pots est toujours sursaturé et que la cristallisation ne commence guère avant 75 ou 80°, et au-dessous, pour les candi roux dont la formation est plus lente.

La masse cuite précédente a fourni un candi de maille ordinaire, les résultats des observations sont indiqués par le tableau suivant :

NOMBRES de JOURS D'ÉTUVAGE.	TEMPÉRATURE DANS LES POTS.	RICHESSE en SUCRE DU SIROP.	RENDEMENT de la MASSE CUITE EN CANDI en centièmes.
1 jour	67°0	78.75	5.90
2 jours..........	54.0	76.25	15.70
3 —	45.0	74.25	23.00
4 —	37.0	72.40	27.50
5 —	33.0	71.50	29.80
6 —	30.0	70.00	33.30
7 —	29.0	68.50	36.50
8 —	28.0	68.50	36.50
9 —	28.0	68.50	36.50

La production de l'incristallisable est insignifiante et ne modifie pas les rendements ; on a pu employer la formule :

$$R = \frac{P - S}{100 - S}$$

Nous pourrons comparer les résultats pratiques que nous avons obtenus, avec les résultats théoriques, en déterminant, au moyen de la dernière formule, les rendements de la masse cuite considérée, à différentes températures, le sirop étant supposé à sa richesse de saturation indiquée par la table N° 1 ; nous construirons le tableau suivant :

TEMPÉRATURE DU SIROP.	RICHESSE EN SUCRE DU SIROP parfaitement saturé = S.	RENDEMENT DE LA MASSE CUITE EN CANDI $R = \frac{80 - S}{100 - S}$
87°5	80.00	0.00 = (saturation).
85.0	79.50	2.44
80.0	78.35	7.64
75.0	77.20	12.10
70.0	76.10	16.30
65.0	75.00	20.00
60.0	74.00	25.00
55.0	72.80	27.10
50.0	71.80	29.10
45.0	70.80	31.50
40.0	69.75	33.90
35.0	68.80	35.90
30.0	68.00	37.50
25.0	67.20	39.00
20.0	66 50	40.30
15.0	66.00	41.18
10.0	65.50	42.00
5.0	65.00	43.00
0.0	64.70	43.30

Dans la marche d'une étuve à candi, on a à considérer les variations de la température du sirop qui doivent être parfaitement régulières, ce dont on s'assurera en construisant des courbes qui offriront généralement la forme indiquée (pl. 3e, fig. 1re). On peut facilement, pour le candi blanc, arriver à abaisser la température à 25 ou 30°, en sept ou huit jours, en ouvrant les portes de l'étuve quelques jours avant la sortie, quand cela est nécessaire. On représentera aussi, par des diagrammes (fig. 2e), les rendements de la masse cuite en candi en fonction du temps et (fig. 4e) les rendements théoriques (en pointillés) et pratiques (en ligne pleine) en fonction de la température. Pour que l'étuvage soit bien terminé, il faut évidemment que la courbe fig. 2e arrive à son extrémité tangentiellement à l'horizontale.

Le sirop, à la fin de l'étuvage, contient encore du sucre à l'état de sursaturation, ce sucre se dépose en grains dans les réservoirs où l'on reçoit les eaux-mères des cristallisoirs. On doit chercher à obtenir le plus grand rendement en candi, en diminuant, autant que possible, le degré de sursaturation des sirops. Dans la courbe (fig. 4e) on remarque qu'à la fin de l'étuvage, le refroidissement étant très-lent, le sucre qui était dans le sirop, à un état de grande sursaturation, se dépose en partie, ce qui est indiqué par la forme de crochet qu'elle rend à son extrémité, où elle vient aussi se raccorder à l'horizontale, après s'être beaucoup rapproché de la courbe des rendements théoriques figurés en pointillés.

Enfin (fig. 3e), on construira la courbe donnant la richesse en sucre du sirop, aux différentes températures, qui diffère beaucoup de celle de solubilité du sucre marquée en pointillés; elle présente ordinairement à son extrémité, quand l'étuvage est bien terminé, un crochet comme dans la fig. 4, dû à la diminution de l'état de sursaturation.

CANDI CLAIR.

Passons maintenant au cas du candi clair ou jaune obtenu souvent avec addition, au sucre brut, de sirop contenant une certaine proportion d'incristallisable. Nous rendrons compte des différences que l'on observe dans le travail, selon la manière dont on conduit l'étuvage pour obtenir des candis maillés, raides ou massés, en examinant des pots occupant différentes positions dans les étuves : Ainsi les pots de la partie supérieure restent plus chauds que les autres et donnent plus de maillé, ceux du bas refroidissent plus vite et donnent quelquefois du candi raide ou massé.

La masse cuite examinée avait la composition suivante :

Sucre cristallisable	79 . 50
» incristallisable.	1 . 00
Cendres.	0 . 56

Les tableaux suivants indiquent les résultats pour les divers candis, ainsi que la pl. 4ᵉ :

1° *Candi bien maillé* (courbes n° 1, pl. 4ᵉ).

JOURNÉES d'étuvage.	TEMPÉRATURE du sirop.	COMPOSITION DU SIROP. Sucre cristallisable.	Sucre incristallisable.	RENDEMENT de la masse cuite.	Incristallisable formé pour 100 kil. de masse cuite.
1	70° C.	78.10	1.37	5.00	0.30
2	64.5	75.35	1.70	15.00	0.45
3	55.0	73.00	2.00	22.00	0.55
4	50.0	71.80	2.20	25.00	0.65
5	46.0	70.80	2.30	27.50	0.65
6	43.0	70.20	2.32	29.00	0.65
7	41.0	69.30	2.40	31.00	0.65
8	39.5	68.80	2.42	32.25	0.65
9	38.0	68.25	2.45	33.50	0.65
10	36.5	67.90	2.50	34.25	0.65
11	»	»	»	»	»
12	»	»	»	»	»
13	35.0	67.00	2.57	36.00	0.65 { = 1.80 du candi.

2° *Même candi clair, maille ordinaire* (courbes n° 2, pl. 4).

JOURNÉES d'étuvage.	TEMPÉRATURE du sirop.	COMPOSITION DU SIROP. Sucre cristallisable.	Sucre incristallisable.	RENDEMENT de la masse cuite.	Incristallisable formé pour 100 kil. de masse cuite.
1	70° C.	78.10	1.37	5.0	0.30
2	59	75.20	1.55	16.0	0.42
3	49	72.35	2.00	24.0	0.50
4	43	71.25	2.05	27.0	0.50
5	37	70.00	2.15	30.0	0.50
6	33	69.10	2.20	32.0	0.50
7	30	68.20	2.27	34.0	0.50
8	28	67.50	2.32	35.5	0.50
9	27	67.15	2.35	36.0	0.50
10	»	»	»	»	»
11	»	»	»	»	»
12	»	»	»	»	»
13	»	66.70	2.40	37.0	0.50 { = 1.35 du candi.

3° *Même masse cuite, candi raide* (courbes n° 3, pl. 4°).

JOURNÉES d'étuvage.	TEMPÉRATURE du sirop.	COMPOSITION DU SIROP. Sucre cristallisable.	Sucre incristallisable.	RENDEMENT de la masse cuite.	Incristallisable formé pour 100 kil. de masse cuite.
1	65° C.	77.50	1.30	8.0	0.20
2	55	72.25	1.75	25.0	0.35
3	48	69.80	1.95	31.0	0.35
4	41	68.40	2.05	34.0	»
5	37 (*)	68.00	2.07	35.0	»
6	33	67.40	2.10	36.0	»
7	30	66.90	2.12	37.0	»
8	28	66.70	2.15	37.5	»
9	27	66.40	2.17	38.0	»
10	»	66.40	2.17	38.0	0.35 { = 0.92 du candi.

(*) Variation comme dans le tableau précédent à partir du cinquième jour.

4° *Même masse cuite, candi massé* (courbes n° 4, pl. 4e).

JOURNÉES d'étuvage.	TEMPÉRATURE du sirop.	COMPOSITION DU SIROP. Sucre incristallisable.	Sucre cristallisable.	RENDEMENT de la masse cuite en candi.	Incristallisable formé pour 100 kil. de masse cuite.
1	60° C.	76.60	1.25	12.00	0.10
2	48	70.35	1.55	28.00	0.12
3	38	68.50	1.75	34.00	0.15
4	31	67.20	1.82	37.00	0.15
5	28	66.80	1.86	38.00	0.15
6	27	66.50	1.90	38.25	0.15
7	27	66.50	1.90	38.25	0.15
8	27	66.50	1.90	38.25	0.15 { = 0.40 du candi.
9	»	»	»	»	»

Observations. — La courbe N° 1, pl 4e (fig. 1), qui a fourni le candi fort maillé, présente un refroidissement moins rapide au début, le rendement est inférieur à celui des autres cas et l'étuvage ne se termine que le onzième jour, ; la production du sucre incristallisable est à son maximum, elle atteint 1,80 °/₀ du candi obtenu. On voit que l'altération glucosique se produit au commencement de l'étuvage, jusqu'à ce que la température soit descendue à 50° C.; au-dessous, il ne se forme plus d'incristallisable. Les courbes N° 1, fig. 2, 3, 4, offrent les mêmes caractères que celles de la planche 3e.

Les courbes N° 2 sont celles qui présentent le plus d'avantages dans la pratique, le rendement est supérieur parce que l'on produit moins d'incristallisable (1,35 du candi); l'étuvage est terminé vers le neuvième jour et l'on obtient un candi suffisamment maillé.

Les courbes N° 3 donnent un candi raide, le refroidissement étant trop rapide au commencement de l'étuvage, la cristallisation est trop précipitée; on voit (fig. 3e), que dans ces conditions il y a, pour ainsi dire, entraînement d'une partie du sucre; l'état de sursaturation diminue vers la partie *a* où la courbe s'abaisse plus que les autres vers l'axe des abscisses.

L'incristallisable produit est de 0,92 °/₀ du candi, aussi le rendement est un peu plus élevé. La durée de l'étuvage est de neuf jours, la courbe fig. 2° se raccordant à l'horizontale le neuvième jour.

Les courbes N° 4 sont celles d'un candi massé. L'étuvage est terminé le cinquième jour, le dépôt se faisant très-vite; la production de l'incristallisable est au minimum et le rendement au maximum.

On voit que les différentes courbes peuvent prendre des formes diverses selon la manière dont est conduit le refroidissement.

Le point de cuite a aussi une grande influence; plus on cuit fort, moins le candi est maillé, toutes choses égales, ce qui se comprend, car le sirop arrive plus tôt à sa température de saturation, et le dépôt du candi se fait plus rapidement au commencement de l'étuvage.

CANDI JAUNE FONCÉ.

La masse cuite marquait 39°50 Beaumé à l'ébullition, au moment de la preuve; sa composition était la suivante :

Sucre cristallisable	78 . 60
» incristallisable	2 . 00
Cendres	1 . 24

Le tableau suivant et les courbes pl. 5, donnent les résultats des observations :

JOURNÉES d'étuvage.	TEMPÉRATURE du sirop.	COMPOSITION DU SIROP. Sucre cristallisable.	Sucre incristallisable.	RENDEMENT de la masse cuite en candi.	Incristallisable formé pour 100 kil. de masse cuite.
1	70° C.	77.00	3.00	3.00	0.90
2	61	74.00	3.50	13.50	1.05
3	55	72.40	3.85	18.20	1.15
4	51	71.25	4.20	21.00	1.30
5	48	70.15	4.35	24.00	1.30
6	46	69.30	4.45	26.00	1.30
7	44	68.40	4.60	28.30	1.30
8	42	67.60	4.70	30.00	1.30
9	»	»	»	»	»
10	»	»	»	»	»
11	»	»	»	»	»
12	37	64.80	5.15	36.00	1.30 { = 3.60 pour 100 kil. de candi.

On remarque pl. 5e que, malgré les douze jours d'étuvage, qui sont ordinairemeut suffisants pour le candi jaune, le dépôt du candi n'est pas terminé, parce que la température ne s'est pas suffisamment abaissée, et que les courbes ont encore un certain parcours à effectuer avant de se raccorder à l'horizontale. La production du sucre incristallisable est plus forte que pour le candi précédent, parce que la masse cuite contenait une plus grande proportion de glucose. On constate aussi que, pour les candis communs, la richesse de saturation des sirops s'abaisse considérablement ; ainsi pour le sirop de l'étuvée que nous considérons, lequel se trouve comme toujours sursaturé dans les pots, la richesse est 64,80 °/₀ de sucre à la température de 37° C., et la table N° 1, que nous avons donnée, indique 69,40 de sucre pour les sirops parfaitement saturés à cette température ; la différence est encore plus grande pour les candis plus communs.

CANDI ROUX ORDINAIRE.

La cuite s'est opérée à 39°75 ; la pâte a donné à l'analyse :

Sucre cristallisable.	76 . 00
» incristallisable	2 . 20
Cendres	non déterminées.

Les résultats des observations sont contenues dans le tableau suivant, et représentés graphiquement par la planche 6e :

JOURNÉES d'étuvage.	TEMPÉRATURE du sirop.	COMPOSITION DU SIROP. Sucre cristallisable.	Sucre incristallisable.	RENDEMENT de la masse cuite en candi.	Incristallisable produit pour 100 kil. de masse cuite.
1	70° C.	74.60	3.10	2.20	0.85
2	63	73.70	3.37	4.80	1.00
3	58	72.50	3.70	8.50	1.20
4	53	70.90	4.05	13.25	1.30
5	49.5	68.40	4.50	19.50	1.40
6	47	65.60	4.85	26.50	1.40
7	45.5	62.90	5.25	31.50	1.40
8	44	60.90	5.55	35.00	1.40
9	39	59.90	5.70	36.70	1.40
10	37	59.40	5.75	37.50	1.40
11	35	59.15	5.80	37.80	1.40
12	35	59.15	5.80	»	1.40 } = 3.75 du candi.

On a conduit l'étuvage pour obtenir le meilleur rendement possible ; ainsi on a maintenu jusqu'au huitième jour la température au-dessus de 40 degrés centigrades, car, pour les candis communs, la cristallisation étant très-lente au commencement de l'étuvage, (ce qui est indiqué par la figure 2ᵉ, comparée à celle des autres cas). si la température s'abaisse trop rapidement, l'état de sursaturation étant très-grand, le sirop deviendrait très-épais et le dépôt du sucre ne pourrait se faire que difficilement ; on obtiendrait alors un faible rendement et un candi massé dont la valeur serait moindre et le placement plus difficile ; tandis qu'en réglant convenablement le refroidissement, on permet au dépôt de se faire progressivement, et l'on peut alors, vers le huitième ou le neuvième jour, l'accélérer au moyen d'un courant d'air que l'on établit et qui permet d'obtenir le reste du sucre qui doit encore cristalliser.

La courbe N° 1 rend compte de la conduite de l'étuvage ; les courbes, figures 2, 3, 4, présentent de notables différences avec celles des planches précédentes, justement à cause du dépôt plus lent du sucre au début de l'étuvage et du plus grand état de sursaturation du sirop à ce moment. Il n'est pas nécessaire de refroidir les étuves au-dessous de 35 degrés centigrades pour pouvoir extraire facilement le sirop épais des cristallisoirs.

De ces divers résultats et de l'examen des courbes, (planches 3 à 6), on peut conclure que le dépôt du candi se fait avec une vitesse maximum au commencement de la cristallisation et que cette vitesse diminue progressivement pour se réduire à zéro à la fin de l'étuvage ; la maille se formant au début sera d'autant plus belle que le refroidissement sera plus lent et plus régulier, jusqu'au moment où la plus grande partie du candi s'est formée, ce qui arrive vers le cinquième jour pour le candi blanc, et le huitième ou neuvième jour pour les candis communs ; à partir de ce moment, on pourra conduire le refroidissement pour obtenir le reste du sucre qui doit encore cristalliser.

Nous avons, dans les quatre exemples d'étuvages que nous avons choisis, donné des cas spéciaux avec une faible destruction du sucre. Nous avons déjà fait observer qu'il se produit d'autant plus de sucre incristallisable que les masses cuites en renferment déjà une plus grande proportion ; il peut arriver que l'on ait des pâtes à candi qui contiennent 4, 5 et 6 pour 100 de glucose, alors il peut s'en produire 2 ou 3 pour 100 de la masse cuite, ce qui est considérable.

Si nous examinons maintenant, la cristallisation dans des étuves chauffées par des calorifères ou par des réchauds, nous voyons que l'on produit d'autant plus d'incristallisable que l'on chauffe plus fort, surtout au commencement de l'étuvage, et que l'on diminue beaucoup le rendement.

Voici des exemples d'étuves chauffées :

1° *Candi jaune.*

MASSE CUITE { Sucre cristallisable. . . . 78 . 00
» incristallisable . . . 1 . 30

		Température.	Degré Baumé.	SUCRE cristallisable.	SUCRE incristallisabl.	Rendement de la pâte.	INCRISTALLISABLE formé pour 100 kil. de candi	INCRISTALLISABLE formé pour 100 kil. de pâte.
Sirop après 15 jours d'étuvage.	En bas de l'étuve	37°	39°20	66.00	3.35	33.00	3.00	1.30
	En haut »	45	40.00	64.35	6.70	30.00	15.00	3.40

2° *Candi roux.*

MASSE CUITE { Sucre cristallisable. . . . 76 . 00
» incristallisable . . . 2 . 75

		Température.	SUCRE cristallisable.	SUCRE incristallisabl.	Rendement de la pâte.	INCRISTALLISABLE produit pour 100 kil. de candi	INCRISTALLISABLE produit pour 100 kil. de pâte.
Sirop après 16 jours d'étuvage.	Bas de l'étuve...	41° C.	64.00	5.80	28.50	15.30	3.20
	Haut » ...	46	63.00	8.30	25.00	33.00	5.50

3° *Candi jaune* (cuite : 39° B.)

MASSE CUITE	Sucre cristallisable	78 . 50
	» incristallisable . . .	1 . 75
	Cendres	1 . 24

		Température.	Degré Baumé.	SUCRE cristallisable.	SUCRE incristallisabl.	Rendement.	INCRISTALLISABLE produit pour 100 kil. de candi	INCRISTALLISABLE produit pour 100 kil. de pâte.
Sirop après 15 jours d'étuvage.	Haut de l'étuve..	43°	40°00	65.00	6.00	32.00	7.20	2.30
	Bas » ..	39	39.10	66.00	3.70	34.50	1.90	0.65

Malgré la longue durée de l'étuvage, les étuves n'étaient pas suffisamment refroidies, l'incristallisable s'est produit dans une énorme proportion relativement au rendement qui a été faible; d'où l'on peut conclure que le chauffage des étuves est nuisible, à moins que l'on ne réchauffe la cuite, faite dans le vide, à une température notablement inférieure à celle de l'ébullition, alors il faut prendre les plus grandes précautions pour ne pas chauffer trop fort.

En désaturant complètement le sirop des étuves, à la sortie, par l'agitation dans des flacons remplis de morceaux de candi blanc, on pourra calculer facilement, d'après sa richesse, le rendement maximum que l'on peut obtenir de la masse cuite : ainsi pour le candi blanc dont la pâte titre 80 pour 100 de sucre, le sirop peut être amené à ne plus contenir que 67 à 68 pour 100 de sucre, y compris l'incristallisable formé, le rendement sera 38 à 39 pour 100 de la masse cuite, ou 47 à 49 du sucre qu'elle représente ; dans la pratique, on peut obtenir 42 à 45 pour 100 du sucre brut sans trop prolonger l'étuvage.

Dans le travail des sucres de betteraves, on produit des quantités très-variables d'incristallisable à l'étuvage, suivant la composition de la masse cuite ; ainsi :

Pour le sucre candi blanc, il s'en produit 0.25 à 0.50 % du sucre obtenu.
— candi clair, — 0.50 à 0.80 et 1.40.
— candi jaune, — 1.00 à 1.40 et 3.00.
— candi roux, — 1.40 à 3.50 et plus, pour les candis plus communs, selon la conduite de l'étuvage.

Les deux premiers nombres s'appliquent à un travail dans lequel on employait le sirop de chaque cristallisation dans une cristallisation suivante, en y ajoutant une proportion de sucre brut égale à celle qui avait été obtenue en candi, on obtenait ainsi quatre espèces de candis, dont le dernier était un sucre roux produit avec le troisième sirop, sans addition de sucre brut, la dernière eau mère contenait environ 6 pour 100 d'incristallisable.

Cette manière d'opérer a le grand inconvénient de concentrer dans les masses cuites le sucre incristallisable formé à l'étuvage, lequel détermine la destruction d'une partie du sucre cristallisable et empêche la cristallisation d'une autre partie qui reste dans la mélasse.

La marche suivie à Nantes est plus rationnelle, les sirops ne passant qu'une fois à l'étuve, et étant aussitôt après cuits en grains pour fournir de beaux sucres qui vont à la chaudière, l'incristallisable se trouve éliminé de la masse cuite, autant que cela est possible; mais l'on ne peut produire que des candis blancs ou clairs. Pour faire les candis jaunes et roux avec les sucres de cannes, il faudrait employer des sucres bruts contenant notablement de glucose, on se trouverait encore dans des conditions désavantageuses. Il est fâcheux que l'on ne puisse pas faire du candi roux directement avec les sucres bruts de betteraves de basses nuances, sans une addition très-grande de sirops à la chaudière, car on a des produits qui, malgré la clarification et les filtrations sur le noir, ont toujours une couleur désagréable, un goût mauvais et une odeur quelquefois très-prononcée qui indique leur origine. Sans cet inconvénient, on éviterait l'altération du sucre comme dans le cas du candi blanc.

On constate toujours dans l'étuvage du sucre candi, que la formation du sucre incristallisable est accompagnée de la production d'un acide provenant aussi de la transformation du sucre. Ainsi une masse cuite neutre avant sa mise à l'étuve, produira un sirop légèrement acide à sa sortie. Nous avions cru qu'en rendant les cuites alcalines par une faible addition de sucrate de chaux filtré (50 à 100 grammes CaO HO pour 10 hectolitres), on éviterait en partie la formation de l'incristallisable; mais alors elles deviennent mousseuses et très-difficiles à conduire. On pouvait s'assurer, après l'étuvage, que l'alcalinité avait disparu et que le sirop était devenu acide; la production de l'incristallisable, dosé par la liqueur cuprique de M. Viollette, était un peu moindre, et le candi était plus coloré.

Ce fait prouve que la chaux et les alcalis, dans les sirops, n'empêchent pas complétement l'incristallisable de se former, car celui-ci se change en acide glucique qui se combine aux bases et les neutralise en partie.

OBSERVATIONS SUR LA COMPOSITION DES MÉLASSES DE CANDI.

Les mélasses issues du raffinage du sucre de betteraves, dans la fabrication des pains, ont une composition peu variable; ainsi celles des grandes raffineries de Paris, ont un coefficient salin à peu près constant de 4,20 (1) (rapport de la somme des sucres cristallisables et incristallisables aux cendres), et contiennent 2 à 4 °/₀ de glucose; celles obtenues par un travail alcalin, comme le procédé Lagrange, à la baryte, ont à peu près le même coefficient salin, quoiqu'elles ne contiennent pas d'incristallisable; elles sont alcalines, tandis que les autres sont sensiblement acides.

Il n'en est pas de même des mélasses issues du travail du candi, dont le coefficient salin peut varier selon la nature du sucre obtenu, comme cela résulte des observations qui ont été faites précédemment.

(1) En retranchant un dixième des cendres sulfatées pour obtenir les cendres réelles; M. Viollette a démontré que l'on devait retrancher deux dixièmes.

Il y a peu de raffineries en France qui ne fassent que du candi avec le sucre de betteraves, sans produire aussi des pains ; nous pouvons cependant donner la composition de la mélasse d'un de ces établissements qui livrait à la consommation des produits très estimés, et qui a fait beaucoup de beaux candis roux en employant, comme ordinairement, les sirops des cristallisations précédentes avec additions de sucres bruts.

Cette composition est la suivante, à 40° B. :

Sucre cristallisable.	27 . 50	} 62
» incristallisable	34 . 50 (1)	
Cendres	3 . 60	

Coefficient salin : $\frac{62}{3,6} = 17,20.$

Au coefficient normal de 4,20, on aurait dû avoir en sucres cristallisable et incristallisable dans la mélasse : $3,60 \times 4,2 = 15,20$.

La différence $62 - 15,20 = 46,80$ représente la perte en sucre cristallisable due à la fabrication du candi, pour 100 kil. de mélasse produite, puisque le sucre brut employé ne contenait que des traces de glucose. La perte au raffinage, résultant de la production de 1 °/₀ d'incristallisable sera égale à :

$$\frac{46,80}{34,50} = 1,36$$

d'où le coefficient mélassimétrique de ce dernier = 0,36 ; un grand nombre d'analyses de mélasses nous permettent d'assigner à ce coefficient une valeur qui varie entre 0,30 et 1,00 comme l'admet M. Durin.

On voit que la perte au raffinage, résultant de la présence du sucre incristallisable dans les produits en cours de fabrication, n'est pas, comme pour les autres matières étrangères, égale à son coefficient mélassimétrique déterminé d'après l'examen des mélasses ;

(1) Le sucre incristallisable exprimé représente le sucre cristallisable dont il provient, ou dont il est l'équivalent.

mais qu'il est beaucoup plus élevé, parce que cette substance favorise la destruction d'une partie du sucre cristallisable qui se trouve perdu et qui empêche lui-même une autre portion du sucre de cristalliser ; c'est ce que nous avons démontré dans notre travail de l'année dernière, et ce que prouvent nos observations sur l'étuvage du candi. M. Aimé Girard a présenté à l'Académie des Sciences une note sur la production du glucose dans les opérations du raffinage et arrive aux mêmes conclusions que nous.

Voici les analyses de quelques mélasses provenant de différentes raffineries produisant des pains et du candi, dans diverses proportions, et n'employant que des sucres de betteraves exempts de glucose :

1° **A.** *Degré aréométrique : 41° B. à 15° C.*

Sucre cristallisable.	41 . 50	57.60
» incristallisable	16 . 10	
Cendres	8 . 00	

Coefficient salin : $\frac{57,6}{8} = 7,20.$

Au coefficient 4,20, il aurait dû rester dans la mélasse $8 \times 4,20 = 33,60$ de sucres ; on a une différence $57,60 - 33,60 = 24,00$ pour 16,10 d'incristallisable, d'où la perte au raffinage, due à ce dernier :

$$= \frac{24}{16,1} = 1,50$$

2° **B.** *Degré aréométrique : 45° B. à 15° C.*

Sucre cristallisable.	48 . 00	72
» incristallisable	24 . 00	
Cendres	7 . 10	

Coefficient salin : $\frac{72}{8,1} = 8,90$

La perte au raffinage est égale à deux fois l'incristallisable produit.

Les raffineurs de candis de cannes de Nantes, produisent des mélasses très-riches en sucre incristallisable, en voici un exemple :

Sucre cristallisable	31.20
» incristallisable.	50.70
Cendres.	1.55

(La faible proportion des cendres indique que l'on a dû travailler des sucres bruts qui renfermaient très-peu de matières salines).

Notre travail indique donc les données scientifiques nécessaires à la bonne direction de la cristallisation dans la fabrication des sucres candis de différents genres, ainsi que les grandes pertes auxquelles on est exposé dans cette industrie, et les conditions dans lesquelles doit se produire le refroidissement des étuves pour éviter, autant que possible, la destruction du sucre cristallisable et la formation du sucre incristallisable, qui a l'inconvénient d'augmenter notablement la production de la mélasse en diminuant les rendements en candis.

Ces faits n'avaient pas encore été publiés et comblent une lacune dans l'étude du sucre.

En résumé, dans ce travail, nous avons décrit :

1° La méthode Nantaise pour la production d'un seul candi blanc ou clair. Les sirops des cristallisations n'étant pas ajoutés à la chaudière à candi, mais cuits en différents jets et fournissant des vergeoises ainsi que de la mélasse ;

2° La méthode du Nord de la France, pour la production des candis de différents genres, depuis le blanc jusqu'au roux. Les sirops étant ajoutés à la chaudière, pour les candis jaunes et roux, avec une certaine proportion de sucres bruts de betteraves de différentes nuances ; car ceux-ci, employés seuls, donneraient de mauvais produits. Après plusieurs cristallisations, avec rechargement, le sirop est cuit pour faire des vergeoises, comme dans le cas précédent ;

3° La méthode de travail des sirops sans addition de sucre brut, comme à Anvers. On obtient du sucre brut fondu, deux cristallisations, rarement trois ; le dernier sirop fournit de la vergeoise et de la mélasse.

Relativement aux travaux de M. Dutrone, nous avons établi que les tables données par cet auteur sont erronées et ne peuvent servir qu'à déterminer le rendement d'une masse cuite refroidie à une seule température de 27°5 centig. ; l'auteur n'en a pas fait l'application à la pratique. Nous avons fait les recherches nécessaires pour pouvoir évaluer les rendements théoriques des sirops mis en cristallisation et refroidis à une température quelconque, et nous avons déterminé :

1° La richesse en sucre des sirops saturés de sucre pur, aux températures comprises entre 0° et 100° centig., ainsi que la densité et les indications des aréomètres dans ces sirops aux températures observées et à 15° centig ;

2° Les températures d'ébullition de ces mêmes sirops, à la pression de 760 $^{m}/_{m}$. (Voir les tables 1 et 2, et les pl. 1 et 2).

Enfin, comme application à la pratique, nous avons observé la cristallisation dans les divers cas des candis blancs et roux.

Pour les candis blancs, la masse cuite étant pure, nous avons constaté qu'il ne se produit que très-peu de sucre incristallisable à l'étuvage ; qu'il s'en forme beaucoup au contraire pour les candis communs et d'autant plus que la masse cuite en renfermait une proportion plus notable.

Nous avons fait remarquer que les sirops sont toujours sursaturés, et que la cristallisation ne commence guère avant 75 à 80° centig. Les sirops de candi commun possèdent une plus grande sursaturation, parce que le dépôt se fait plus lentement. Cette sursaturation doit toujours beaucoup diminuer vers la fin de l'étuvage.

Nous avons examiné la cristallisation des candis maillés et raides. Les premiers correspondent à un refroidissement plus lent au début de l'étuvage, de sorte qu'il se produit plus d'incristallisable, ce qui diminue le rendement.

En dernier lieu nous avons considéré le cas des étuves chauffées et nous avons démontré que le chauffage est mauvais, et que s'il devait être employé, ce devrait être avec les plus grandes précautions, car on s'exposerait à détruire beaucoup de sucre.

L'alcalinité n'empêche pas la production du glucose, celui-ci se change en acide glucique qui neutralise les alcalis.

Les mélasses des raffineries de candi se distinguent de celles qui proviennent du travail des pains, par leur coefficient salin qui est beaucoup plus élevé, et par la grande proportion d'incristallisable qu'elles contiennent. Le coefficient mélassimétrique de l'incristallisable serait égal à 0,30 et pourrait s'élever à 1,00 d'après l'examen des mélasses ; mais la perte que ce corps détermine au raffinage est beaucoup plus élevée, parce qu'il favorise la destruction du sucre cristallisable.

ADDITION.

On peut se rendre compte de la concentration de l'incristallisable, dans les sirops de candi, en calculant avec les résultats que nous avons obtenus, les rendements en différents candis, d'un sucre blanc pur, lorsqu'on soumet les sirops à plusieurs cristallisations successives, sans addition de sucre brut, et négligeant dans ces calculs l'influence des petites pertes matérielles qu'on ne peut éviter dans la pratique.

Supposons qu'on ait à faire une étuvée de 300 pots contenant 35 kil. de masse cuite chacun, ou 10,500 kil. de pâte, au titre de 80 % de sucre, ce qui représente 8,400 kil. de sucre pur fondu.

On obtiendra en *première cristallisation :*

Candi blanc maillé	35 % de la pâte (sans le déchet)	= 3675k	= 43.5 % du sucre.
Sirop	65 » (y compris le déchet)	6825	
		10500	

Le titre $x = s + \text{I}$ du sirop, en sucres cristallisable et incristallisable se calculera facilement :

$$\text{on aura } \text{P} + i' = \text{R} + (100 - \text{R})(\text{S} + \text{I}),$$

ou

$$80 = 35 + 65\,x \qquad \text{d'où} \qquad x = 69.23$$

sur lesquels il y aura à peu près 0,23 d'incristallisable et 69 % de sucre cristallisable.

Deuxième cristallisation. — Le sirop précédent sera cuit en deuxième jet, la masse cuite titrera 78,50 de sucres, dont 0,50 d'incristallisable en comptant le peu qui a dû se former dans les opérations avant l'étuvage. Dons ces conditions, il faudra 113 kil. de sirop pour obtenir 100 kil. de masse cuite; on obtiendra donc 6,825 : 1,13 = 6,039 kil. de pâte et on aura :

Candi jaune...	34 % de la pâte	= 2053 kil.	= 24,5 % du sucre fondu.
Sirop de candi.	66 »	3986	
		6039	

Le titre S + I = 66,66. Si l'incristallisable produit est de 0,40 $^{o}/_{0}$ de la pâte $= \frac{0,4}{0,66} = 0,60$ du sirop ; on devra y ajouter l'incristallisable provenant de la masse cuite dont la proportion devient dans le sirop $\frac{0,50}{0,66} = 0,76$.

Total incristallisable du sirop	1,36 $^{o}/_{0}$	66,66.
Sucre cristallisable.	65,30	

Troisième cristallisation. — On opérera de même. La masse cuite titrera 77,00 cristallisable, 1,75 incristallisable, et il faudra 118 kil. de sirop pour 100 kil. de pâte ; on obtiendra donc 3,377 kil. de pâte et :

Candi roux. . .	34 $^{o}/_{0}$ de la pâte. . .	1147	= 13,60 $^{o}/_{0}$ du sucre fondu.
Sirop	66	2230	
		3377	

Le titre S + I du sirop = 67,80, et si l'incristallisable produit à l'étuvage est 1,32 $^{o}/_{0}$ de la pâte, on aura dans le sirop restant :

$$\frac{1,75 + 1,32}{0,66} = 4,65$$

d'où sucre cristallisable. . .	63,15
Total. . . .	67,80

Ce sirop serait déjà trop commun pour fournir ce qu'on peut appeler du sucre candi raffiné ; si on le suppose recuit et mis en cristallisation, il fournirait un sirop qui contiendrait 9 $^{o}/_{0}$ d'incristallisable, plus ce qui se produirait à l'étuvage, c'est-à-dire 2 à 4 $^{o}/_{0}$ de la pâte, ce qui ferait 12 à 15 $^{o}/_{0}$. On conçoit qu'un tel sirop cuit en vergeoise, en plusieurs jets, fournira en dernier lieu une mélasse d'autant plus riche en incristallisable que le sucre utilisé était plus pur, car si l'on n'employait que du sucre raffiné, celle-ci ne devrait contenir que du glucose et serait exempte de matières salines.

Pendant les diverses opérations, y compris la cuite, on produit en incristallisable 0,10 à 0,50 de la pâte, selon la nature de celle-ci.

Nous avons donc obtenu de 100 kil. de sucre, représentant 125 k. de masse cuite à 80 %, par trois cristallisations successives :

	RENDEMENT.	INCRISTALLISABLE PRODUIT	
		Pour 100 kil. de pâte.	Pour 100 kil. de candi obtenu.
1er jet, candi blanc......	46.50	0.45	0.50
2e jet, candi jaune.......	24.50	0.40	1.18
3e jet, candi roux.	13.60	1.32	3.90
4e, 5e et 6e jets, mélasse .	vergeoises (à vendre plutôt que de les mettre à la chaudière, pour se débarrasser de l'incristallisable qu'elles renferment).		

Si l'on avait opéré par rechargements successifs, afin d'obtenir des proportions égales de candi de différentes nuances, on aurait dû ajouter au sirop de la première cristallisation, une proportion de sucre brut égale à celle du candi obtenu, soit 43,5 %. Ainsi, pour une chaudière représentant 20 sacs = 2,000 kil., on ajoutera 870 kil. soit 8 sacs 5 de sucre clair et des dégraissages de filtres ; pour le second rechargement, on emploiera du sucre jaune, et pour le troisième, du sucre roux. Le dernier sirop pourra être cuit en vergeoise.

Pour 100 kil. de sucre fondu, et représentant 125 kil. de masse cuite, on obtiendra :

	RENDEMENT.	INCRISTALLISABLE PRODUIT	
		Pour 100 kil. de pâte.	Pour 100 kil. de candi obtenu.
1re cristallisation, 1er jet, candi blanc.........	43.50	0.45	0.50 candi blanc.
2e » sirop du précédt + 43,50 sucre brut	43.50	0.31	0.90 candi clair.
3e » » » ..	43.50	1.00	2.95 candi jaune.
4e » » » ..	43.50	2.00	5.90 candi roux.
5e » » » ..	43.50	3.00	8 80 candi roux.
ou vergeoise à expédier au commerce et mélasse.			

On voit, d'après ces résultats, que la production de l'incristallisable augmente très-rapidement lorsqu'on fait des candis communs, et que, dans le travail, il faut éviter de recharger un trop grand nombre de fois les sirops, surtout avec des sucres riches, car avec la filtration sur le noir, on arrive à obtenir des masses cuites peu colorées, qui renferment beaucoup de sucre incristallisable. On comprend aussi que c'est une grave erreur d'ajouter des sucres riches à des sirops de candi roux, pour produire, pendant un grand nombre de rechargements, des candis foncés en nuance, quand la consommation en réclame.

La différence de rendement du sucre brut dans le travail du candi et celui des pains se calculera facilement, puisqu'elle ne dépend que de la production du sucre incristallisable. Ainsi :

Pour un candi		qui a produit		d'incristall. p^r 100 k.,	la perte sera	
Pour un candi	blanc	qui a produit	0.50 %	d'incristall. p^r 100 k.,	la perte sera	1.00.
»	jaune	»	1.20	»	»	2.40.
»	roux	»	4,00	»	»	8.00.
»	roux	»	5.00	»	»	12.00.

Le coefficient mélassimétrique de l'incristallisable étant pris égal à 1,00. Il serait plus exact d'admettre le nombre 1,50, ou 2,00.

L'administration des contributions indirectes admet une différence de 7 %, pour le calcul du drawbac à l'exportation du candi ; on voit que ce nombre ne représente qu'une moyenne très-variable.

Nous donnons ci-dessous l'analyse de différents genres de candis :

1° *Candi blanc.* — Sucre chimiquement pur.

2° *Candi clair.*

Sucre cristallisable	99.70
» incristallisable	0.15
Cendres	0.05
Eau.	0.10
	100.00

La masse cuite titrait :

78 % sucre cristallisable.
1.30 » incristallisable.
1.30 cendres.

3° Candi jaune.

Sucre cristallisable	99.30
» incristallisable.	0.20
Cendres.	0.18
Eau	0.20
Autres matières, par différence	0.12
	100.00

La masse cuite titrait :

Sucre cristallisable	77.75
» incristallisable.	1.85
Cendres.	2.00

4° Candi roux.

Sucre cristallisable.	99.10
» incristallisable	0.35
Cendres.	0.20
Eau.	0.20
Autres matières, par différence	0.15
	100.00

La masse cuite avait la même composition que celle qui a fourni le candi précédent, mais la clairce n'avait pas été filtrée sur le noir.

ETUDES sur la CRISTALLISATION du SUCRE & la FABRICATION du SUCRE CANDI, par M. G. FLOURENS.

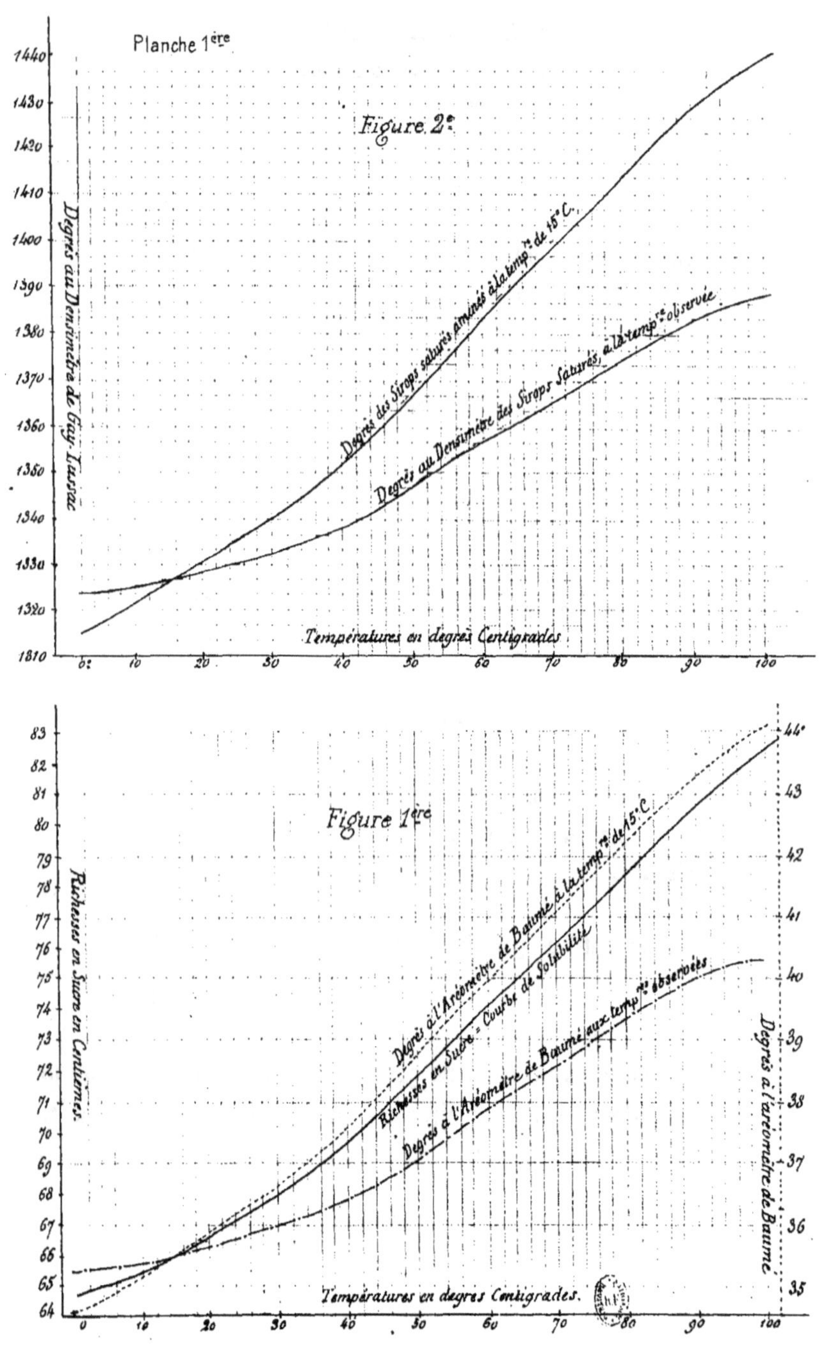

ETUDES sur la CRISTALLISATION du SUCRE & la FABRICATION du SUCRE CANDI, par M. G. FLOURENS.

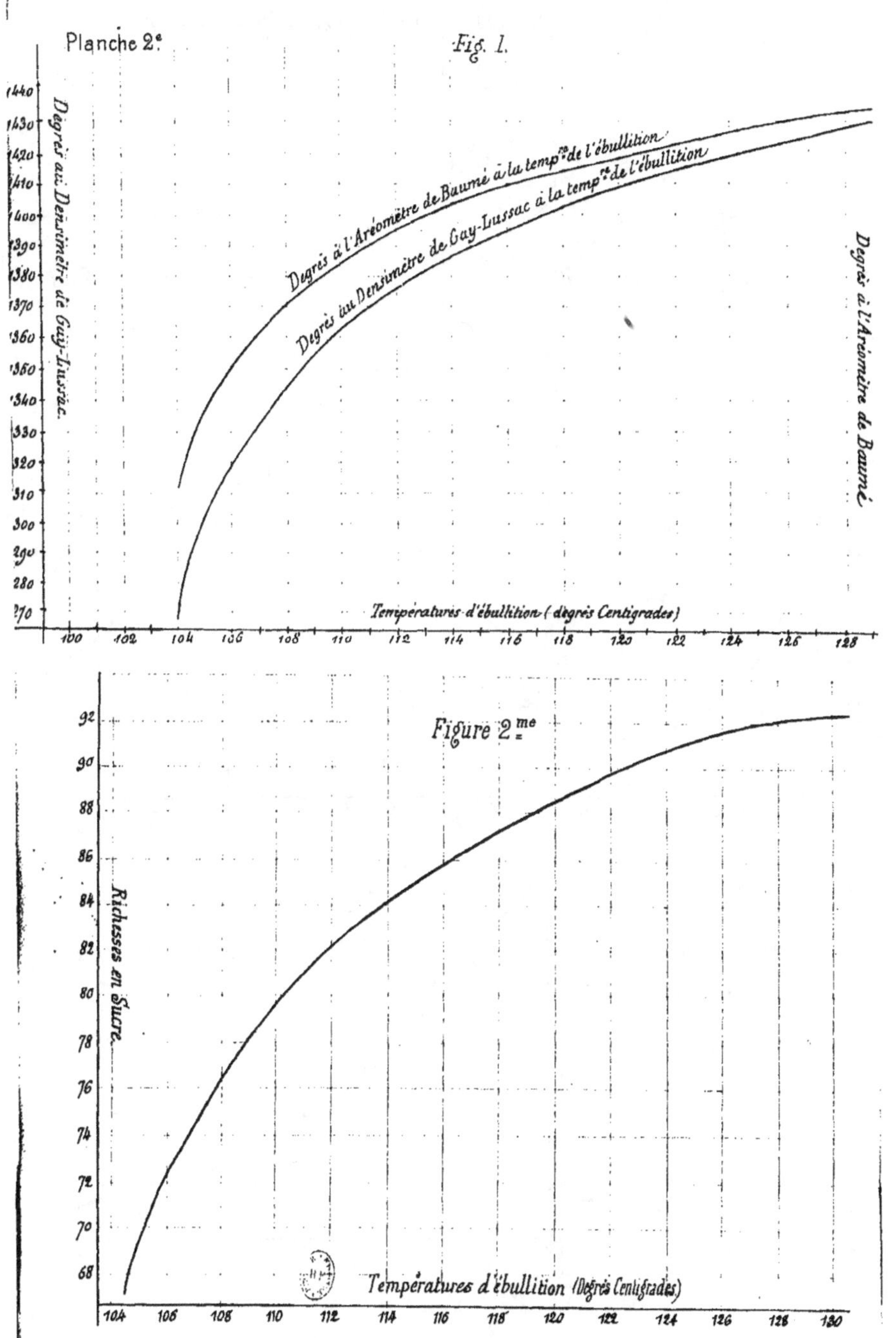

ETUDES sur la CRISTALLISATION du SUCRE & la FABRICATION du SUCRE CANDI, par M. G. FLOURENS.

Planche 3e

Etuvage du Candi.

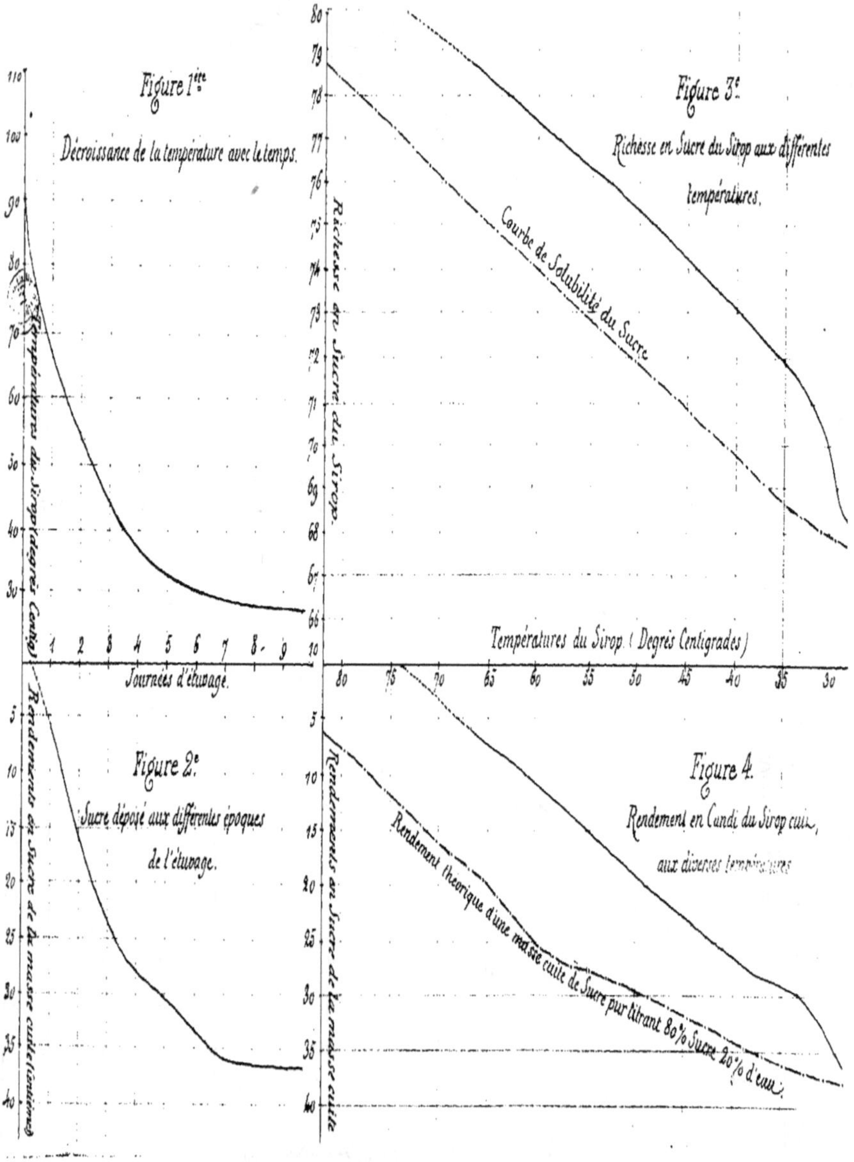

Figure 1ère

Décroissance de la température avec le temps.

Températures du Sirop (degrés Centig.)

Journées d'étuvage.

Figure 2e

Sucre déposé aux différentes époques de l'étuvage.

Rendements en Sucre de la masse cuite (centièmes)

Figure 3e

Richesse en Sucre du Sirop aux différentes températures.

Courbe de Solubilité du Sucre

Richesse en Sucre du Sirop.

Températures du Sirop (Degrés Centigrades)

Figure 4.

Rendement en Candi du Sirop cuit, aux diverses températures

Rendement théorique d'une masse cuite de Sucre pur titrant 80% Sucre 20% d'eau.

Rendements en Sucre de la masse cuite

ETUDES sur la CRISTALLISATION du SUCRE & la FABRICATION du SUCRE CANDI, par M. G. FLOURENS.

Planche 4e

Etuvage du Candi Clair, ou Jaune.

Courbes. N° 1. Candi fort maillé _ N° 2 Candi maillé _ N° 3, Candi raide _ N° 4, Candi en masses.

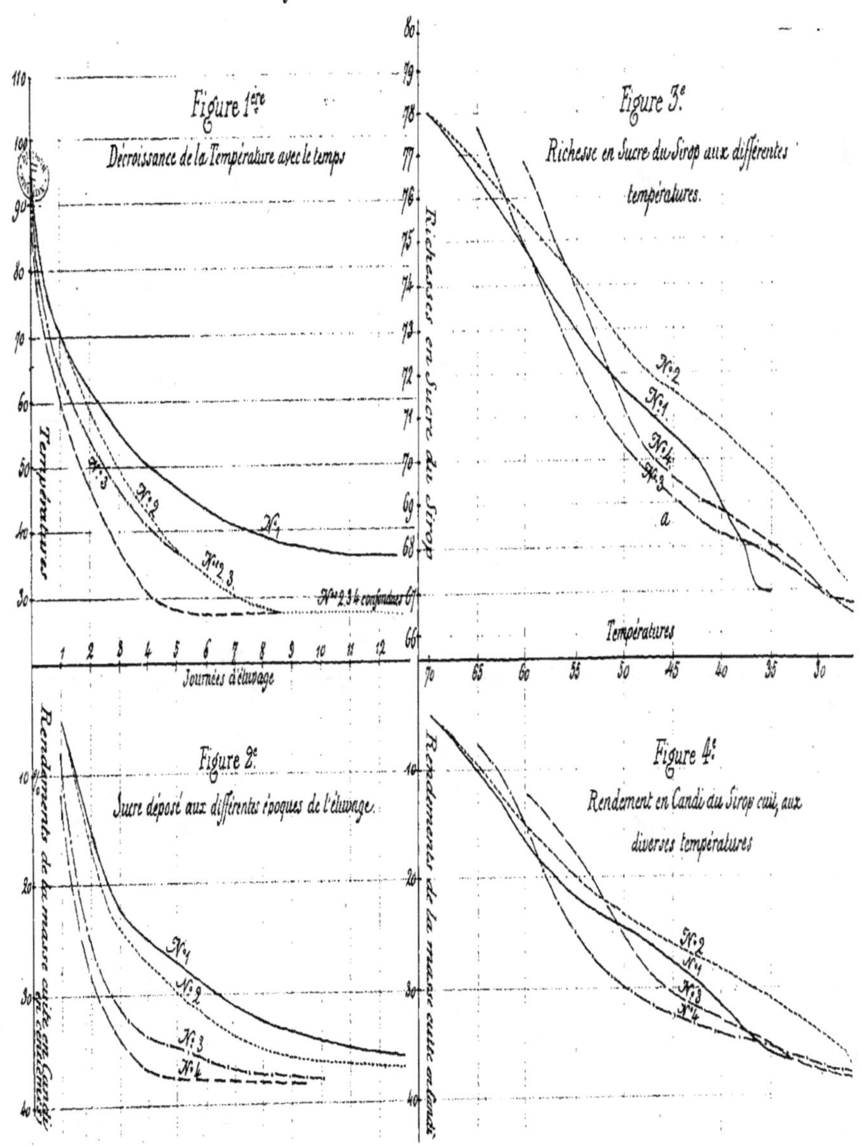

ETUDES sur la CRISTALLISATION du SUCRE & la FABRICATION du SUCRE CANDI par M. G. FLOURENS.

Planche 5e.

Etuvage du Candi Jaune foncé.

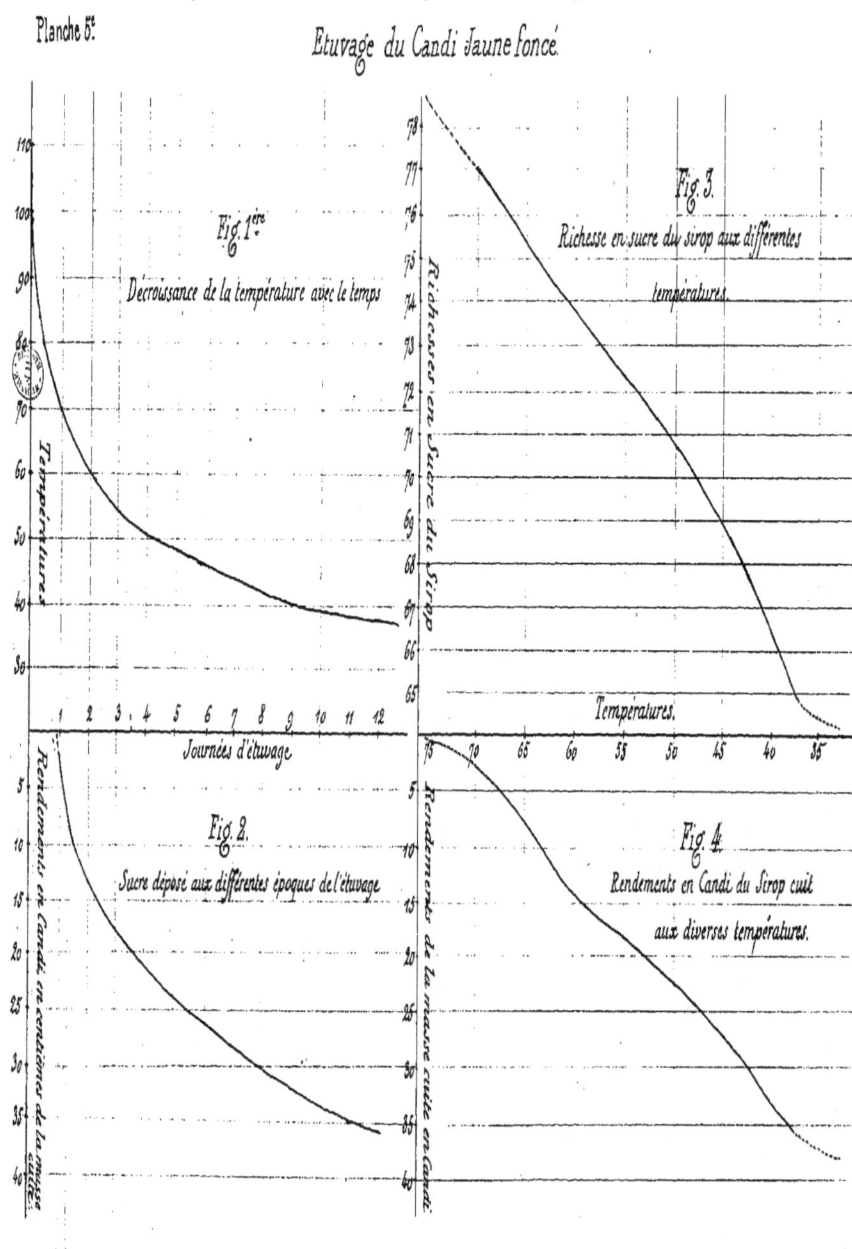

ETUDES sur la CRISTALLISATION du SUCRE & la FABRICATION du SUCRE CANDI par M. G. FLOURENS.

Planche 6.

Etuvage du Candi Roux.

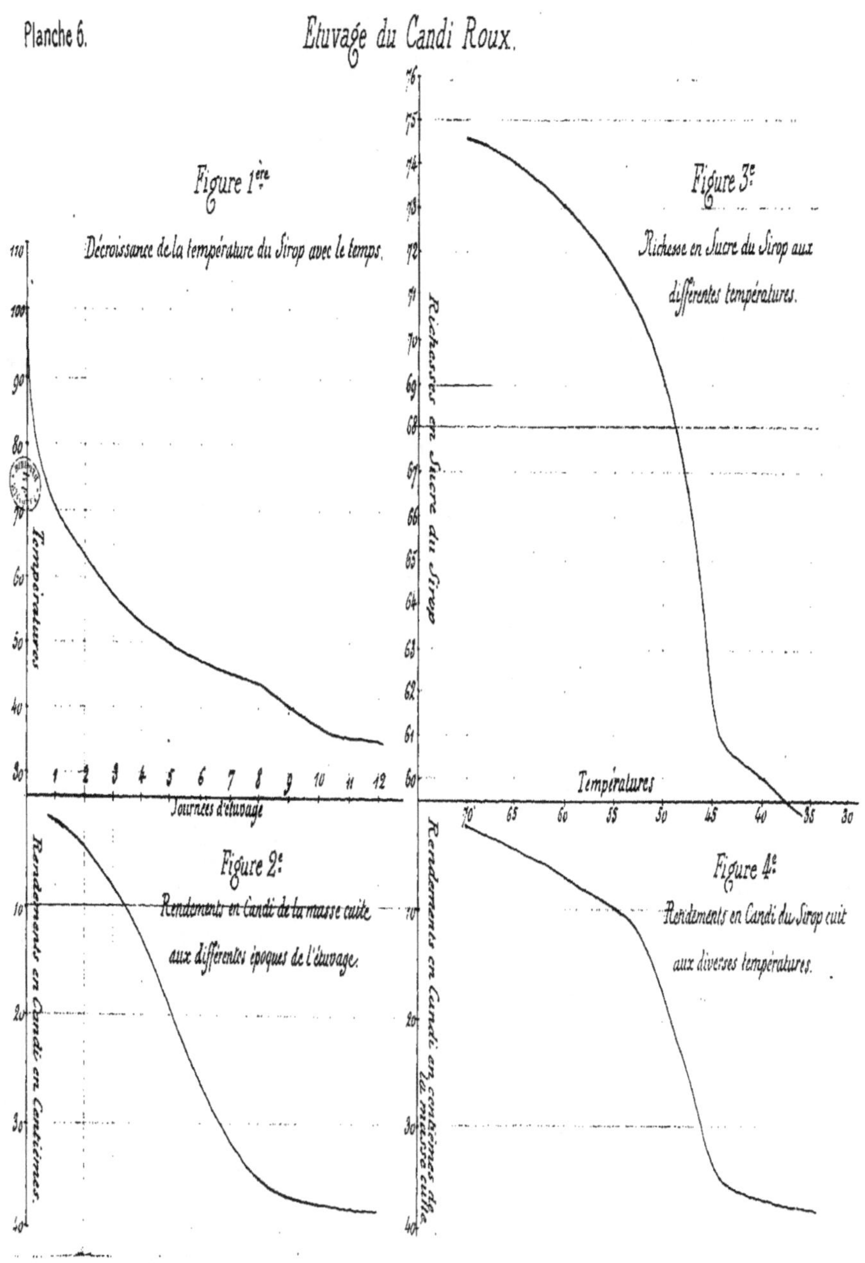

www.ingramcontent.com/pod-product-compliance
Lightning Source LLC
LaVergne TN
LVHW012017160826
845678LV00002B/882

* 9 7 8 2 3 2 9 6 5 5 7 5 8 *